大自然手绘图鉴

# 史前生物

一本新颖的“史前生物”图集

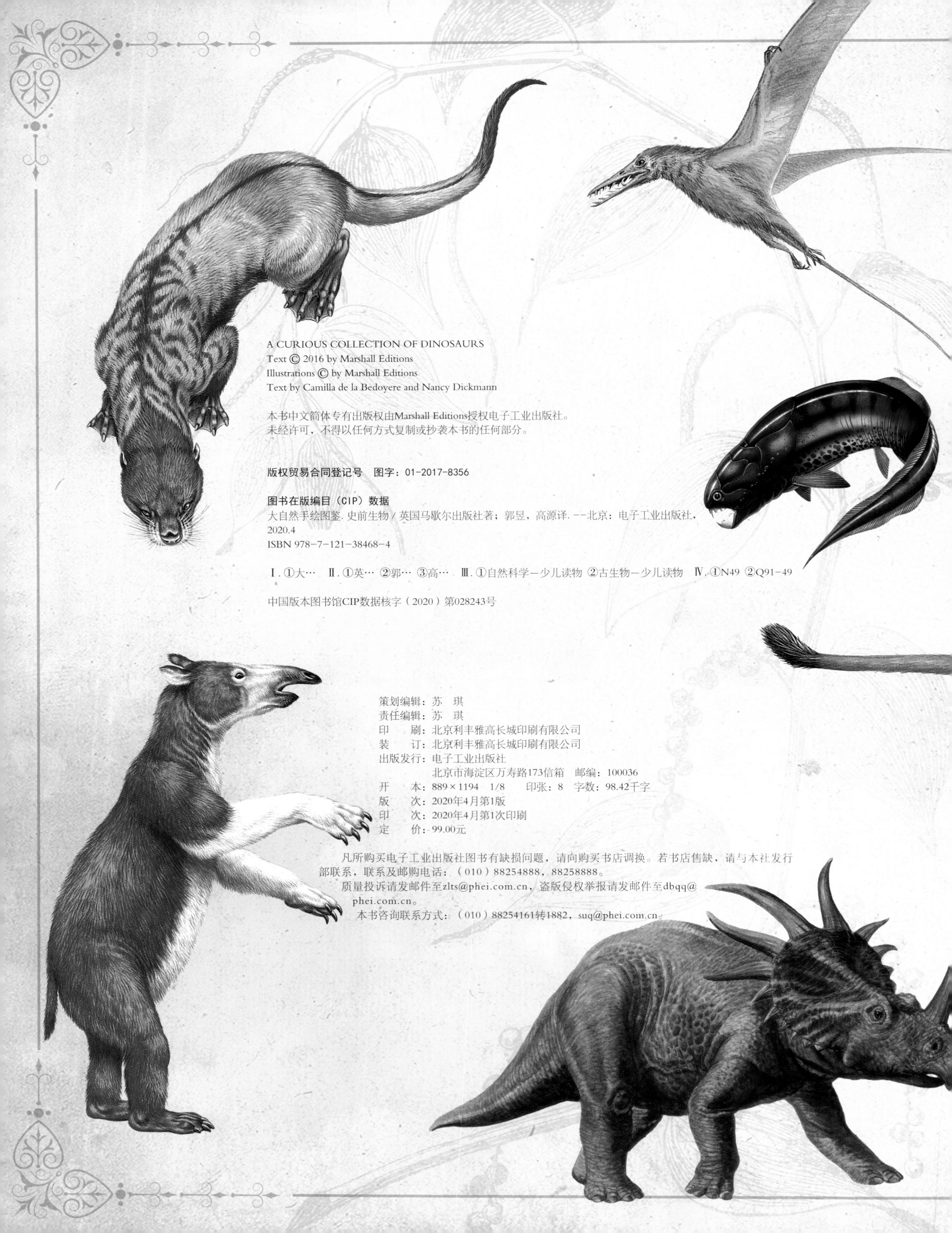

A CURIOUS COLLECTION OF DINOSAURS
Text © 2016 by Marshall Editions
Illustrations © by Marshall Editions
Text by Camilla de la Bedoyere and Nancy Dickmann

本书中文简体专有出版权由Marshall Editions授权电子工业出版社。
未经许可，不得以任何方式复制或抄袭本书的任何部分。

版权贸易合同登记号　图字：01-2017-8356

图书在版编目（CIP）数据
大自然手绘图鉴. 史前生物 / 英国马歇尔出版社著；郭昱，高源译. --北京：电子工业出版社，2020.4
ISBN 978-7-121-38468-4

Ⅰ. ①大…　Ⅱ. ①英…　②郭…　③高…　Ⅲ. ①自然科学－少儿读物　②古生物－少儿读物　Ⅳ. ①N49　②Q91-49

中国版本图书馆CIP数据核字（2020）第028243号

策划编辑：苏　琪
责任编辑：苏　琪
印　　刷：北京利丰雅高长城印刷有限公司
装　　订：北京利丰雅高长城印刷有限公司
出版发行：电子工业出版社
　　　　　北京市海淀区万寿路173信箱　邮编：100036
开　　本：889×1194　1/8　　印张：8　字数：98.42千字
版　　次：2020年4月第1版
印　　次：2020年4月第1次印刷
定　　价：99.00元

凡所购买电子工业出版社图书有缺损问题，请向购买书店调换。若书店售缺，请与本社发行部联系，联系及邮购电话：（010）88254888，88258888。
质量投诉请发邮件至zlts@phei.com.cn，盗版侵权举报请发邮件至dbqq@phei.com.cn。
本书咨询联系方式：（010）88254161转1882，suq@phei.com.cn。

# 大自然手绘图鉴

# 史前生物

英国马歇尔出版社　著
郭昱　高源　译

電子工業出版社
Publishing House of Electronics Industry
北京·BEIJING

# 在过去的年代里

从巨大的猛犸象到恐怖的无齿翼龙，曾经存在于地球上的史前生物无一不让人惊叹。那些亿万年前的动物与今天我们所看到的完全不同。地球上第一只动物出现在海洋里，在之后数亿年的时光中，演化出了爬行动物、两栖动物、鸟类和哺乳动物。在这些史前生物中，最著名的当属恐龙。

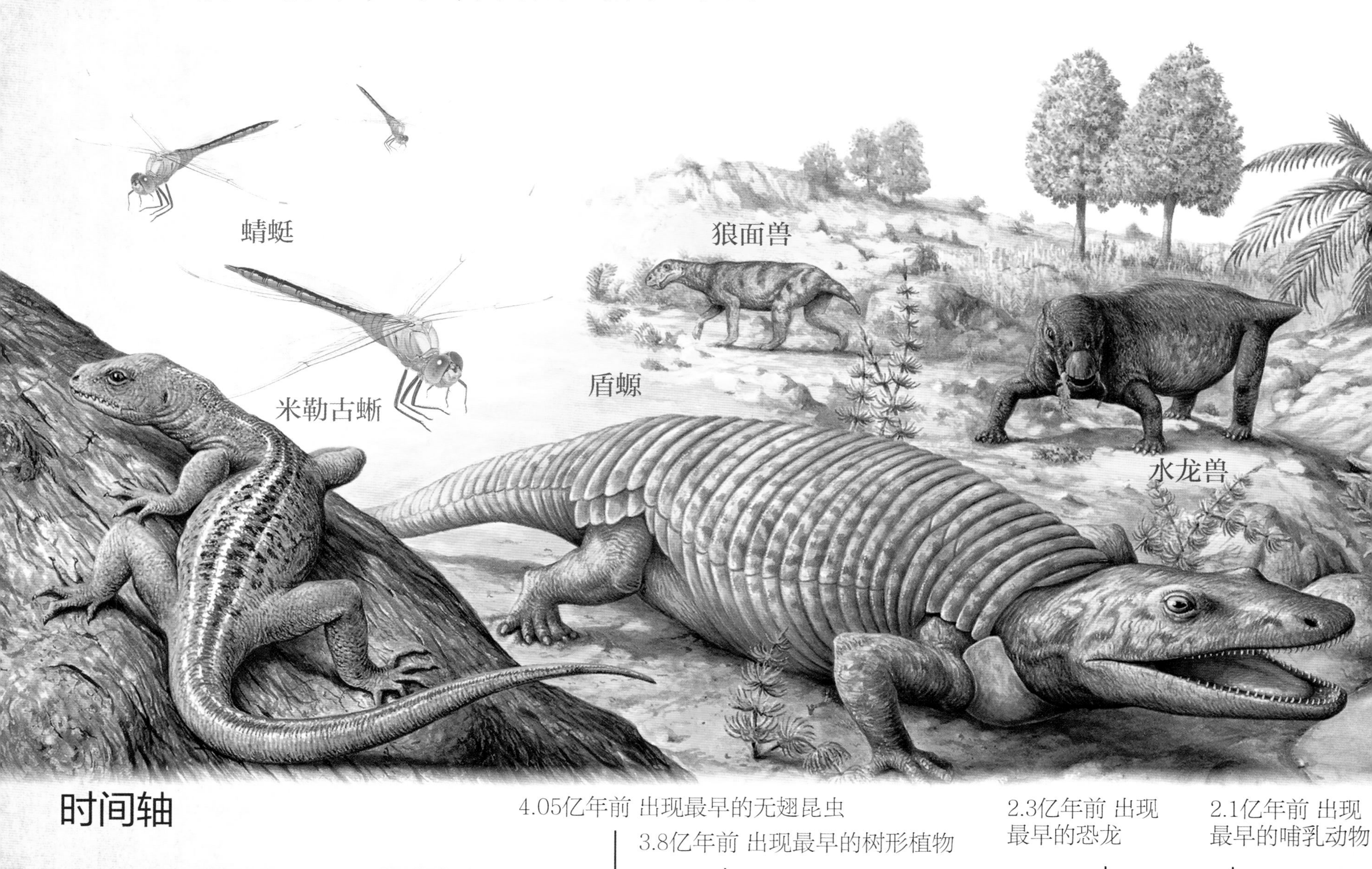


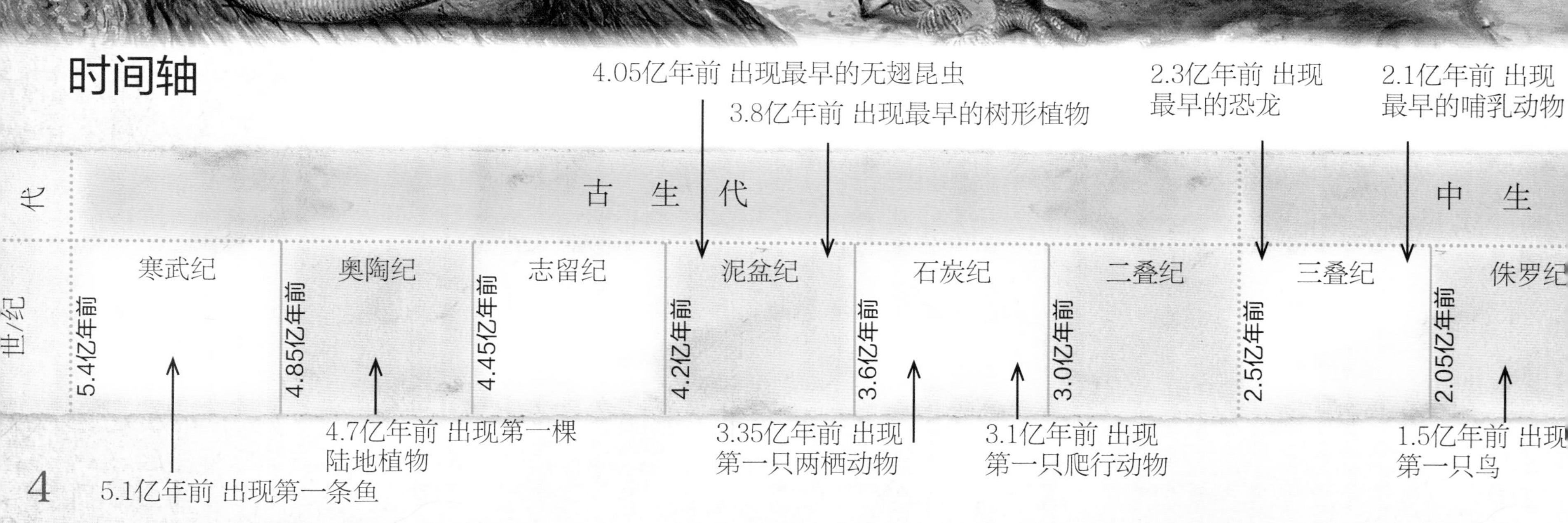

整个地质历史年代被划分成许多“时间段”，被称为代、纪和世，每一个时间段都有特定的名字，比如侏罗纪和始新世，这样划分之后能更方便对地质年代的理解。本书中的每种动物都标注了其生存的年代，下方的时间轴能帮助你了解对应的具体时间。

## 找一找

本书所描绘的大部分是史前动物，但是在它们中间仍然有一些存活到现在。你能找出哪些是从远古一直存活到现在的动物吗？试试在每组动物中找出存活到现在的动物吧！

200 000年前 出现最早的智人

现代

| | 新 生 代 | | | | | | |
|---|---|---|---|---|---|---|---|
| 白垩纪 | 古新世 | 始新世 | 渐新世 | 中新世 | 上新世 | 更新世 | 全新世 |
| | 6600万年前 | 5500万年前 | 3400万年前 | 2400万年前 | 500万年前 | 250万年前 | 12 000年前 |

6600万年前 大灭绝事件

1.3亿年前 出现第一朵花

# 装甲动物

就像一辆装甲坦克，这些身披甲胄的家伙毫无畏惧。当面对袭击时，谁才是最强壮的家伙？

**胄甲龙**
晚白垩世

**剑龙**
晚侏罗世

**链鳄**
晚三叠世

格陵兰鱼只有7.5厘米长，却是灵活的游泳健将，它有一条鳍状的尾巴。

**格陵兰鱼**
泥盆纪

许多古生物学家认为剑龙背上的骨板是用来展示炫耀以及调节体温的。

尖齿兽的个头和一只小熊差不多大，它的前肢是用来挖洞的，大门牙可以咬断树根。

# 尖牙

撩人的微笑还是恐怖的龇牙低吼？这些野兽有不同程度的撕咬能力。

原鲸是一种原始的鲸鱼，它的前肢扁平像桨，而短小的后肢像蹼。

**西洛仙蜥**
早石炭世

这种可怕的哺乳动物产自南美洲的阿根廷。

**焦兽**
渐新世

# 蹄子

这些脚步敏捷的动物和现代的马、牛、鹿以及骆驼有亲缘关系。

拟驼与早期人类生活在同一时代，它们在北美洲被发现，与现在生活在南美洲的美洲驼有亲缘关系。

**巨足驼**
中新世至更新世

巨足驼看起来像现代骆驼，但是它体形十分巨大，肩高可达3.5米。

**原牛**
更新世至近代
（已绝灭）

**草原古马**
中新世

**三趾马**
中新世至更新世

**先兽**
始新世至渐新世

# 恐怖的暴君

艾伯塔龙
晚白垩世

曾经有许多种爬行动物生活在地球上，而恐龙是这些爬行动物里面最大的也是最恐怖的，恐龙的英文名的本义就是“恐怖的蜥蜴”。

霸王龙是白垩纪的顶级掠食者之一，它锋利的牙齿表面有着锯齿状的边缘,能轻易把肉从猎物身上切下来，类似切牛排的小刀一样。

霸王龙
晚白垩世

这些凶恶的动物之中，哪种动物的撕咬带有剧毒?

答案在64页

鲨齿龙名字的意思是“尖牙利齿的恐龙”，它巨大的头颅长度超过1.5米。

# 游泳健将

速度是一项高级生存技巧，游泳健将们将其发挥到极致。

裂齿鱼
三叠纪

板果龙的泳姿看起来像鳗鱼，但它却是一种爬行动物，以鱼类、乌贼及其他海洋动物为食。

板果龙
晚白垩世

高多利鲶
始新世

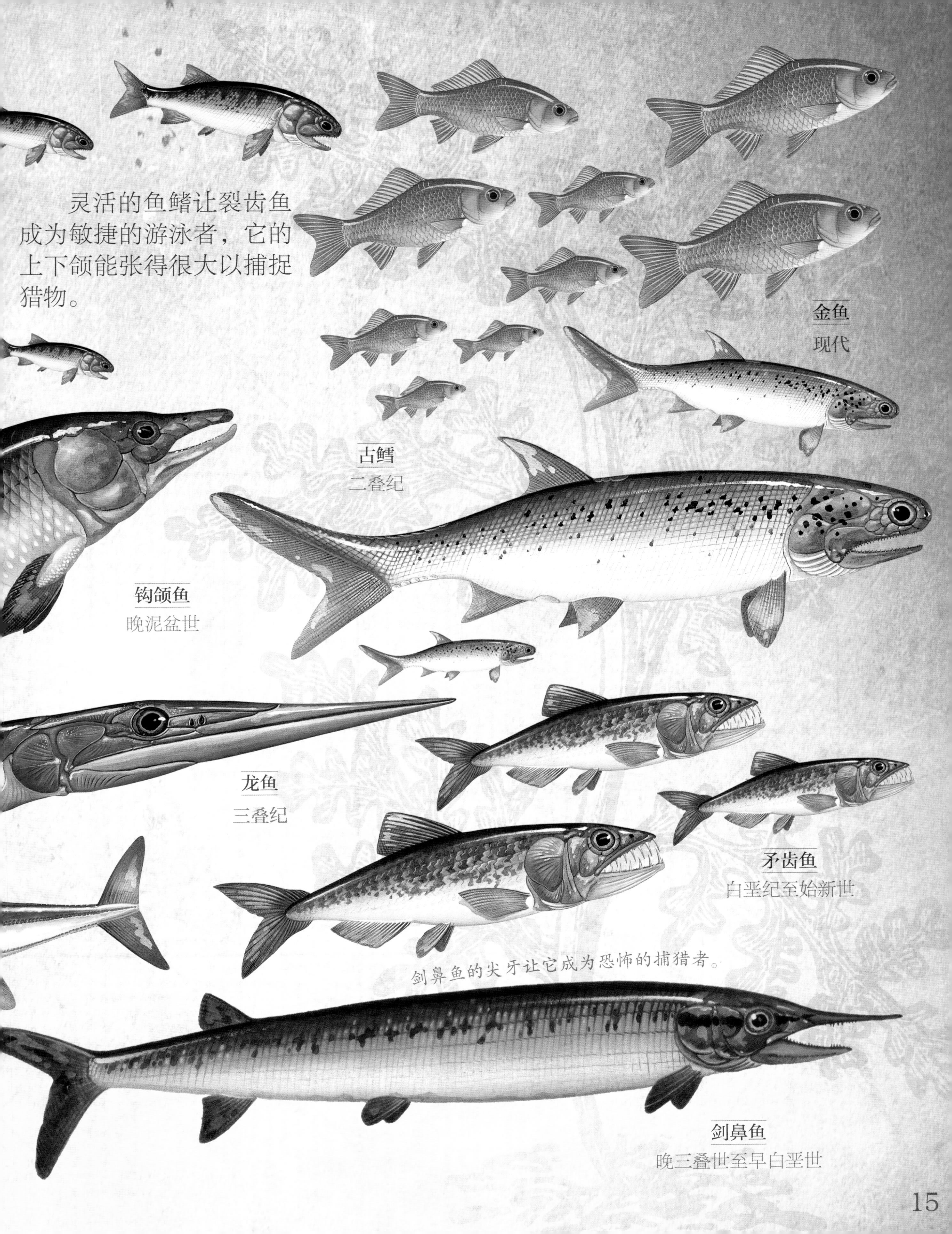
灵活的鱼鳍让裂齿鱼成为敏捷的游泳者，它的上下颌能张得很大以捕捉猎物。
金鱼
现代
古鳕
二叠纪
钩颌鱼
晚泥盆世
龙鱼
三叠纪
矛齿鱼
白垩纪至始新世
剑鼻鱼的尖牙让它成为恐怖的捕猎者。
剑鼻鱼
晚三叠世至早白垩世

始王兽
始新世

# 大角

用来攻击、防御和吸引异性，美丽的大角能保卫自己。

蒙大拿角龙
晚白垩世

板齿犀
上新世至更新世

这种长得像超大犀牛的动物以草为食。巨大的角从其额头长出，长度超过2米。

无鼻角龙比它更著名的表亲——三角龙的生存年代略早数百万年。

始祖鸟是最早的鸟之一，但是它身上的有些特征，比如长有牙的上下颌而不是鸟喙，让它看起来更像恐龙。

# 奇怪的鸟类

怪异的鸟喙和华丽的羽毛无法阻止这些鸟类灭绝。

**阿根廷巨鹰**

中新世

阿根廷巨鹰的身高和一个成年人差不多。

**盔犀鸟**

现代

这些鸟类中有两种长有牙齿，你能指出是哪两种吗？

答案见64页

营穴鸟巨大的脑袋和现代的马差不多大。由于前肢退化，这种鸟完全不能飞行。

**营穴鸟**

始新世

# 搞笑的脸

美貌是观察者的视野所看到的，有些动物长着一张只有自己的妈妈才会喜欢的脸。

长鼻猴
现代
厚蛙螈
石炭纪
异螈
晚三叠世
古生物学家至今还弄不明白这根奇怪的角是用来做什么的！
青岛龙
晚白垩世

细齿兽灵活的关节有助于它们在树上穿梭捕猎，它的身体长度只有20厘米。

# 小型哺乳动物

第一种哺乳动物出现在距今约2亿年前，它们个头很小而且身披皮毛。

叉齿兽是一种原始的有袋类哺乳动物，和今天的负鼠以及袋鼠类似。

叉齿兽
晚白垩世至始新世

重褶齿猬
晚白垩世

羽齿兽
古新世

普尔加托里猴
古新世

始贫齿兽
始新世

只有雄性奇角鹿在它们的口鼻部长角，角被用于雄性之间的打斗以争夺配偶。

# 奇怪的尖刺

这些隆起的骨质、硬角、巨鳞和尖刺不光是为了装饰。

针嘴鱼
晚白垩世

埃尔金龙看似恐怖，但它只有60厘米长，并且是素食主义者。

埃尔金龙
二叠纪

原颚龟是最早的龟类之一，与现在的龟不同，它的嘴里长有牙齿。

戟龙
早白垩世

原颚龟
晚三叠世

# 空中霸主

看看这些飞行家在空中不同的舞姿。

科学家们认为双型齿翼龙主要以昆虫为食。

这些毛茸茸的飞行动物中的哪一种是古老的蝙蝠？

答案见64页

无齿翼龙是翼展最宽的翼龙之一，它通常在空中随着上升气流滑翔。

科学家们以为，豪勇龙通常用两条腿走路。但当俯头在地面寻找植物时，它们用四条腿行走。
豪勇龙
白垩纪
伞蜥
现代
长鳞龙
中三叠世至晚三叠世
盔龙
晚白垩世
和其他鸭嘴龙类一样，盔龙也是植食性恐龙。

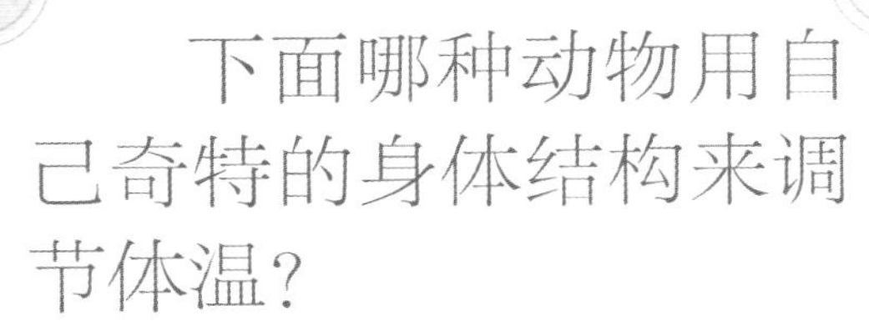

下面哪种动物用自己奇特的身体结构来调节体温？

答案在64页

这根醒目的头冠内部是中空的，可能起着类似扩音器的作用。

副栉龙
晚白垩世

始穿山甲
始新世

# 奇异的身体

无论史前时代还是今天，动物都会长成各种奇特的样子。

笠头螈
二叠纪

异齿龙
二叠纪

这片奇异的“帆”高达1米，由脊椎骨的棘突组成，表面覆盖了一层皮肤。

陆鳄是鳄类家族中最早的成员之一，以昆虫和其他小动物为食。
陆鳄
晚三叠世
平头蜥
晚三叠世
虚骨龙的身体只有一个小孩那么高。
虚骨龙
晚侏罗世至早白垩世
小地懒和今天的树懒有亲缘关系，但它主要生活在地上而不是在树上。
小地懒
中新世

# 斑点

这些动物都拥有华丽的外表。

棱齿龙是群居生活的植食性恐龙，当发现危险的时候，它会高速奔跑逃离危险。

你知道这里的哪种动物主要靠滑翔移动吗？

答案见64页

# 速度为王

速度能帮助动物寻找食物、水，逃避敌害以及追逐配偶。

**红喉蜂鸟**
现代

**伶盗龙**
晚白垩世

跑犀看起来像原始马或者矮种马，但实际上它和现代犀牛的关系更亲近。

**跑犀**
始新世至渐新世

倾头龙的骨质圆顶周围长满了骨钉和骨质肿块。这种恐龙生活在森林里，以植物为食。

# 双足行走

由于骨盆结构的不同，一些动物以四足行走，而另外一些能双足行走。

# 巨象

哺乳动物中的重量级选手，就是这些大象家族成员。

恐象
中新世至早更新世

始祖象没有长鼻，但是它肥厚的上唇能帮助它掘取湿地植物。

始祖象
始新世至渐新世

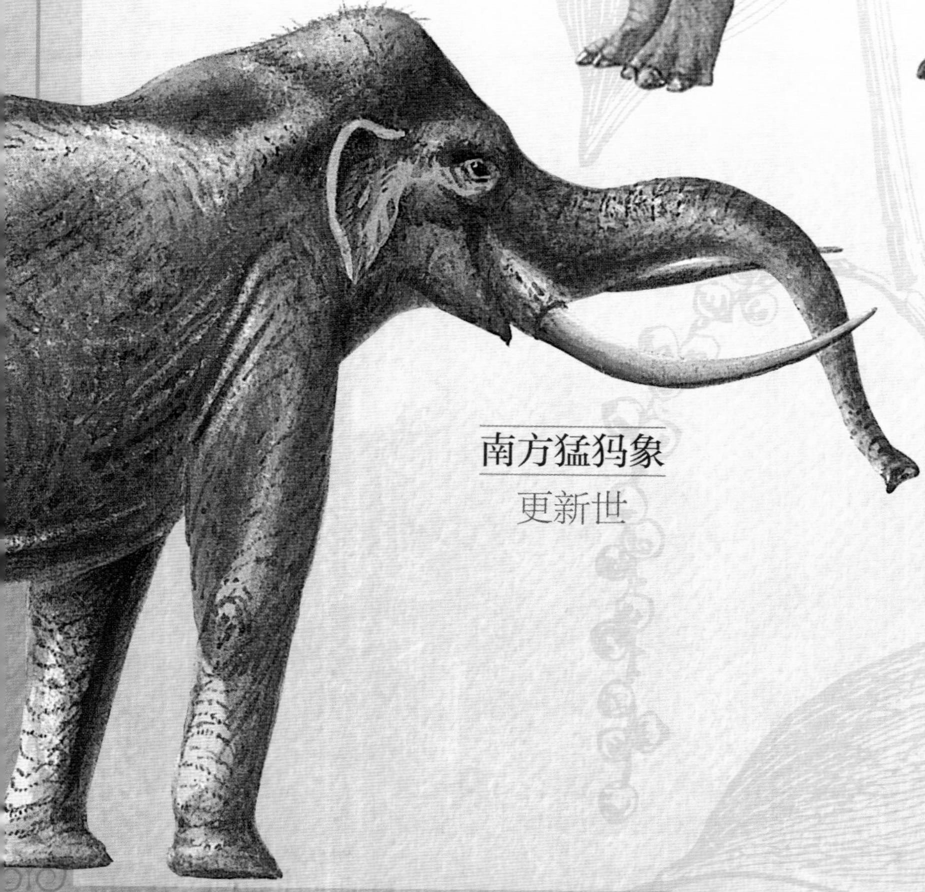

板齿象
中新世

南方猛犸象
更新世

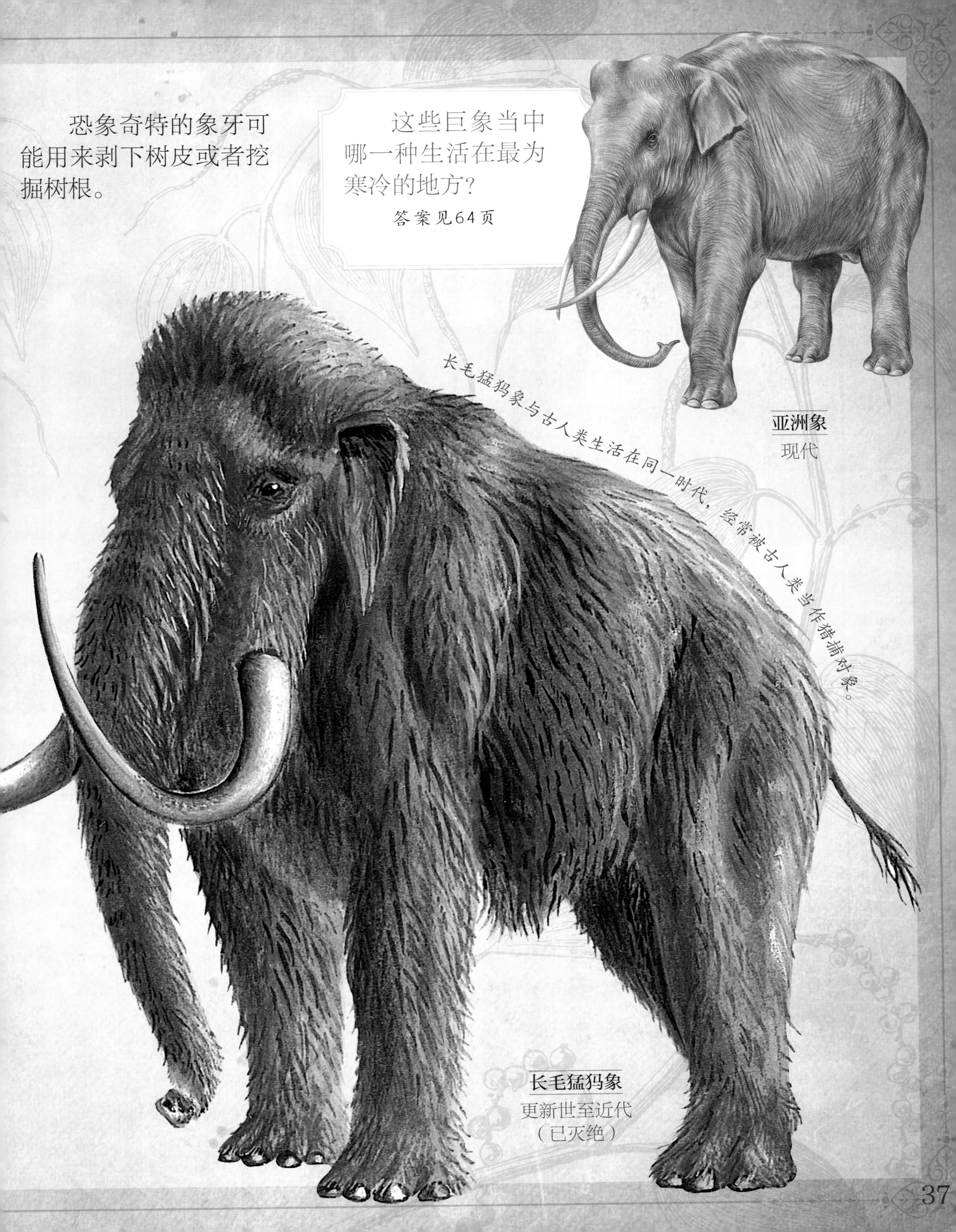

恐象奇特的象牙可能用来剥下树皮或者挖掘树根。

这些巨象当中哪一种生活在最为寒冷的地方？

答案见64页

长毛猛犸象与古人类生活在同一时代，经常被古人类当作猎捕对象。

**亚洲象**
现代

**长毛猛犸象**
更新世至近代
（已灭绝）

# 植物收割者

强壮的颌骨和牙齿能够嚼碎草叶、种子甚至坚果。

胚鹿
渐新世至中新世

小驼兽
三叠纪至侏罗纪

这里展示的植食性动物都是哺乳动物，哺乳动物最早出现在晚三叠世，但真正的繁荣是在恐龙灭绝之后。

亚利桑那棉鼠
现代

银毛兔负鼠
上新世

始心兽生活在南美洲，和现代的豚鼠有亲缘关系，你能发现它们的相似之处吗？

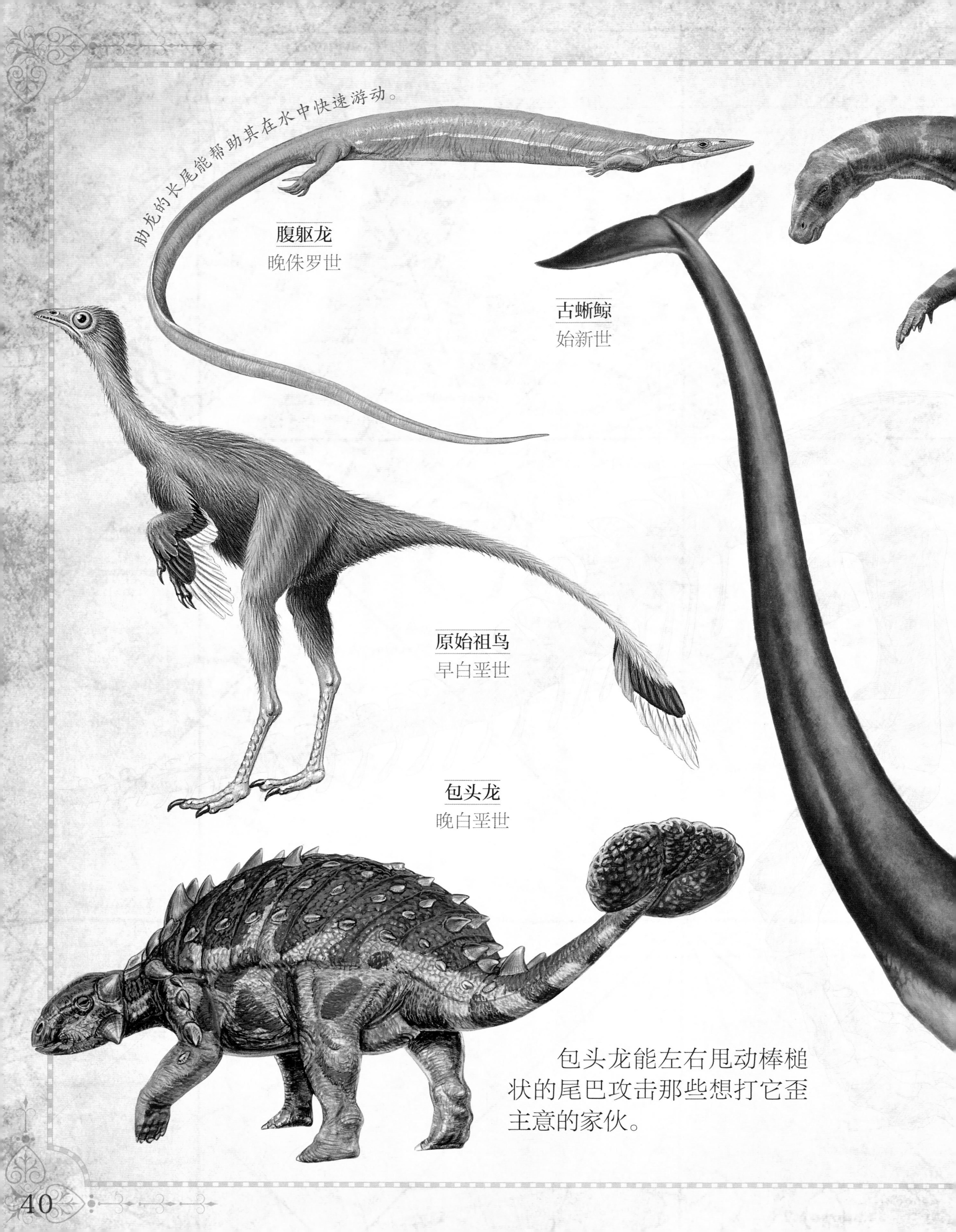

助龙的长尾能帮助其在水中快速游动。
腹躯龙
晚侏罗世
古蜥鲸
始新世
原始祖鸟
早白垩世
包头龙
晚白垩世
包头龙能左右甩动棒槌状的尾巴攻击那些想打它歪主意的家伙。

腱龙的背部和尾部拥有强有力的特殊筋腱，能帮助其长长的尾巴抬离地面。

# 奇异的尾巴

尾巴的作用非常多，比如保持身体平衡、游泳，甚至是攻击其他动物！

# 庞然大物

当这些大家伙站在你身旁的时候，你会发现它们有多么壮观！

板龙可以用后肢站立起来取食高处的树叶。

**板龙**
晚三叠纪

重脚兽身高和一个成年人差不多，它有一对巨大的中空的角，在这对大角后方还长有一对小角。

**重脚兽**
始新世至渐新世

巨脚龙是最早出现的大型蜥脚类恐龙之一，它的名字的意思是“腿部巨大的蜥蜴”。

蛇螈是一种穴居动物，以昆虫、蠕虫、蜈蚣、蜗牛以及其他小型动物为食。

# 滑溜溜

拥有黏滑的皮肤和光滑的鳞片，这些动物适合在草丛中滑行。

炎螈
石炭纪至二叠世

古蟾
白垩纪至中新世

小全螈
早二叠世

这种蜥蜴像蛇一样扭动自己的身体来游泳。

小臂螈的身体看起来像现代的火蝾螈，体长只有15厘米。

卡拉螈是目前已知的最古老的火蝾螈，它善于游泳，以小型无脊椎动物为食。

# 条纹

在恰当的环境中，漂亮的条纹能让动物更好地隐藏在背景中。

亚冠龙非常注意隐藏自身，因为霸王龙是它的天敌之一。

你能找出这里面哪种动物是掠食性动物吗？

答案见64页

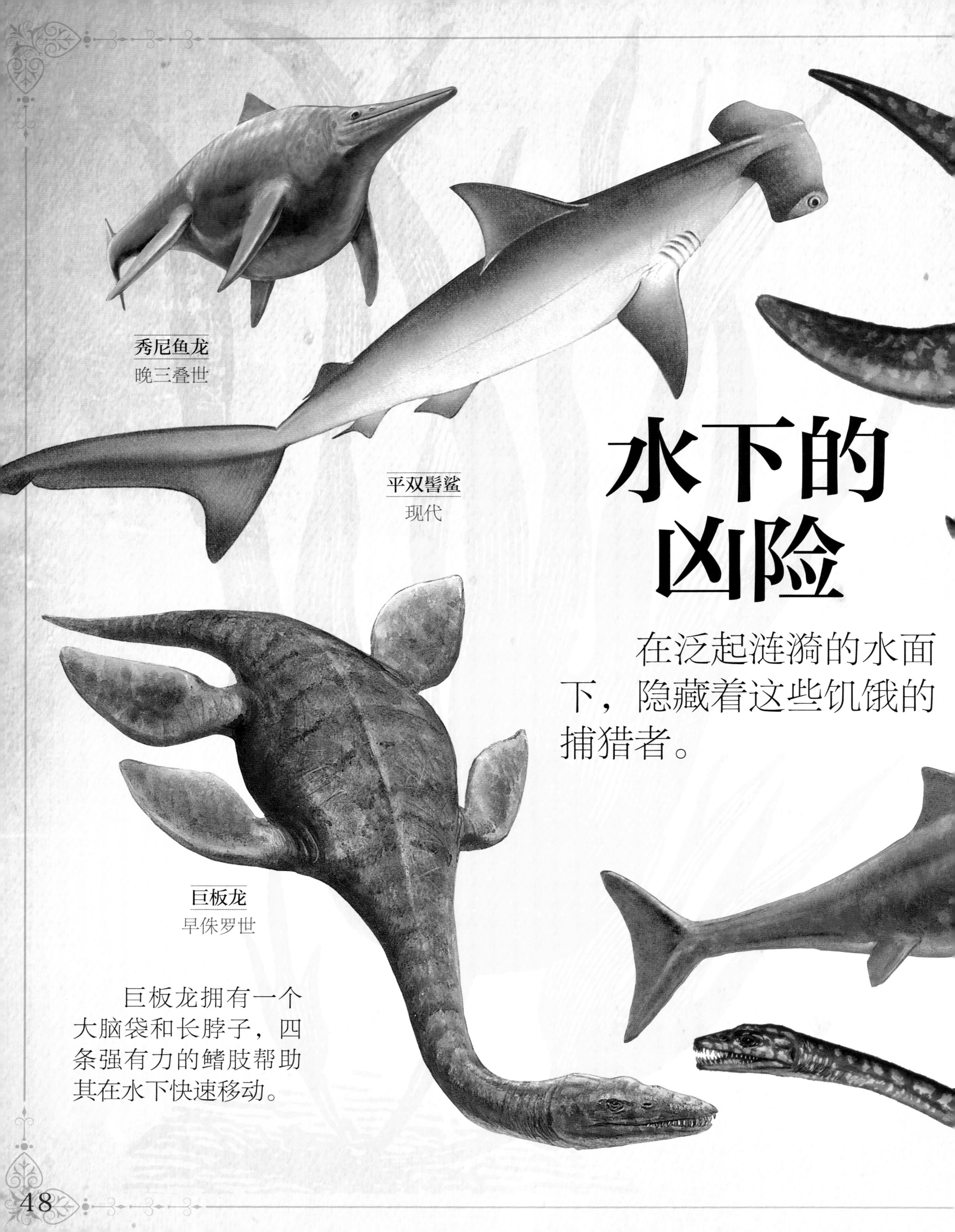

秀尼鱼龙
晚三叠世

平双髻鲨
现代

# 水下的凶险

在泛起涟漪的水面下，隐藏着这些饥饿的捕猎者。

巨板龙
早侏罗世

巨板龙拥有一个大脑袋和长脖子，四条强有力的鳍肢帮助其在水下快速移动。

蛇颈龙的长脖子就像潜望镜一样，帮助其搜捕猎物。
蛇颈龙
晚侏罗世
中龙的尾巴长而扁平，趾间有蹼，非常适合水中生活。
薄板龙
晚白垩世
鱼龙
晚三叠世至侏罗世
中龙
二叠纪
薄板龙利用其长脖子的优势从海洋深处攻击鱼类。

# 可爱的动物

这些动物都有厚重而柔软的皮毛，但是你肯定不想上去给它们一个拥抱。

楔齿鼬的大眼睛有助于其在夜间捕猎。

**楔齿鼬**
渐新世至中新世

**野牦牛**
现代

箭齿兽的四肢和它的体形相比显得短小，其前肢比后肢更短。

**箭齿兽**
中新世至更新世

索齿兽
渐新世至中新世
恰帕熊
上新世
食蟹狐生活在距今约200万年前的南美洲，是一种较原始的狐狸。
大地懒的体形和一头大象差不多。
食蟹狐
上新世
古浣熊
渐新世至中新世
大地懒
更新世至全新世

真蜥鳄上下颌闭合的时候，上下颌的牙齿能相互咬合以困住滑溜溜的鱼类和鱿鱼等猎物。

# 各种鳄类

今天的鳄鱼和它们的远祖长得差不多，但是有一些祖先是吃素的！

恐鳄可能是史上最大的鳄鱼，科学家曾经找到过一个恐鳄的头骨，长度超过2米。

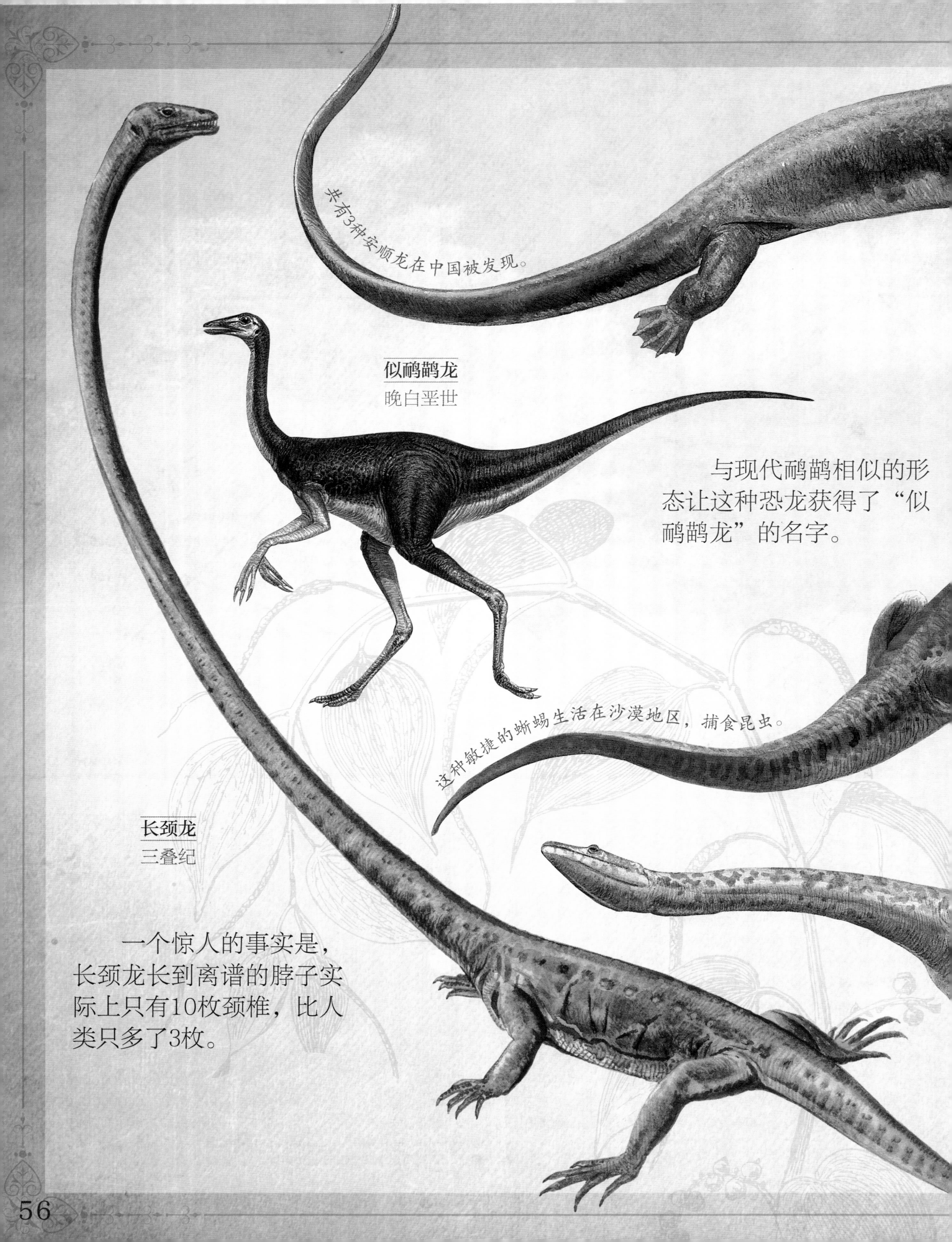
共有3种安顺龙在中国被发现。
似鸸鹋龙
晚白垩世
与现代鸸鹋相似的形态让这种恐龙获得了“似鸸鹋龙”的名字。
这种敏捷的蜥蜴生活在沙漠地区，捕食昆虫。
长颈龙
三叠纪
一个惊人的事实是，长颈龙长到离谱的脖子实际上只有10枚颈椎，比人类只多了3枚。

# 大长脖子

柔软的长脖子便于环顾四周以及吃到高处的嫩叶。

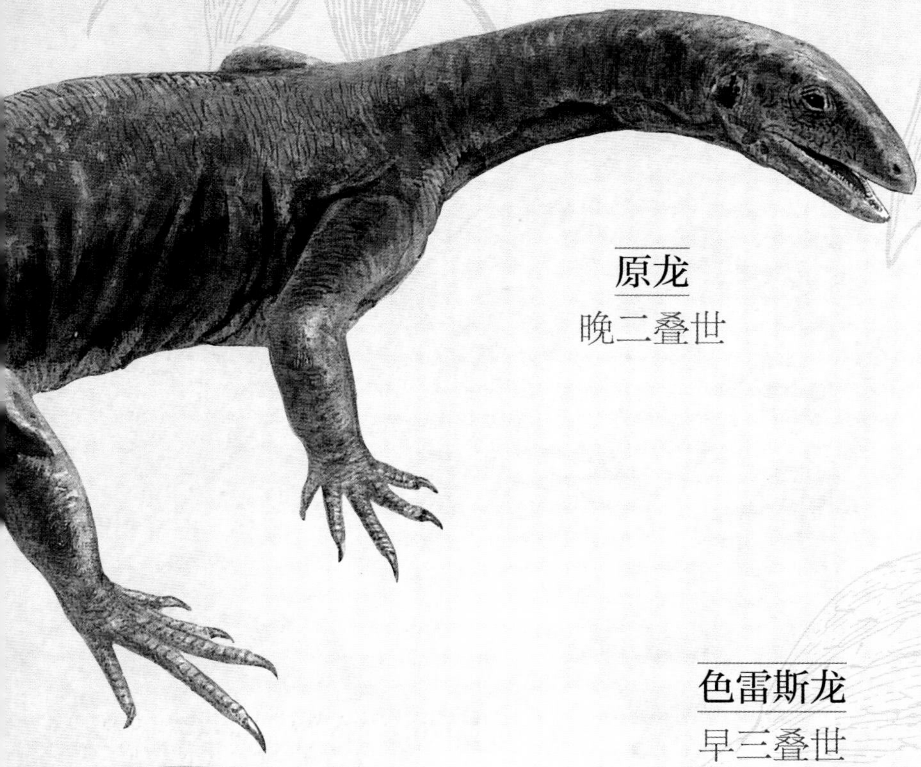

**安顺龙**
三叠纪

**原龙**
晚二叠世

**长颈鹿**
现代

**色雷斯龙**
早三叠世

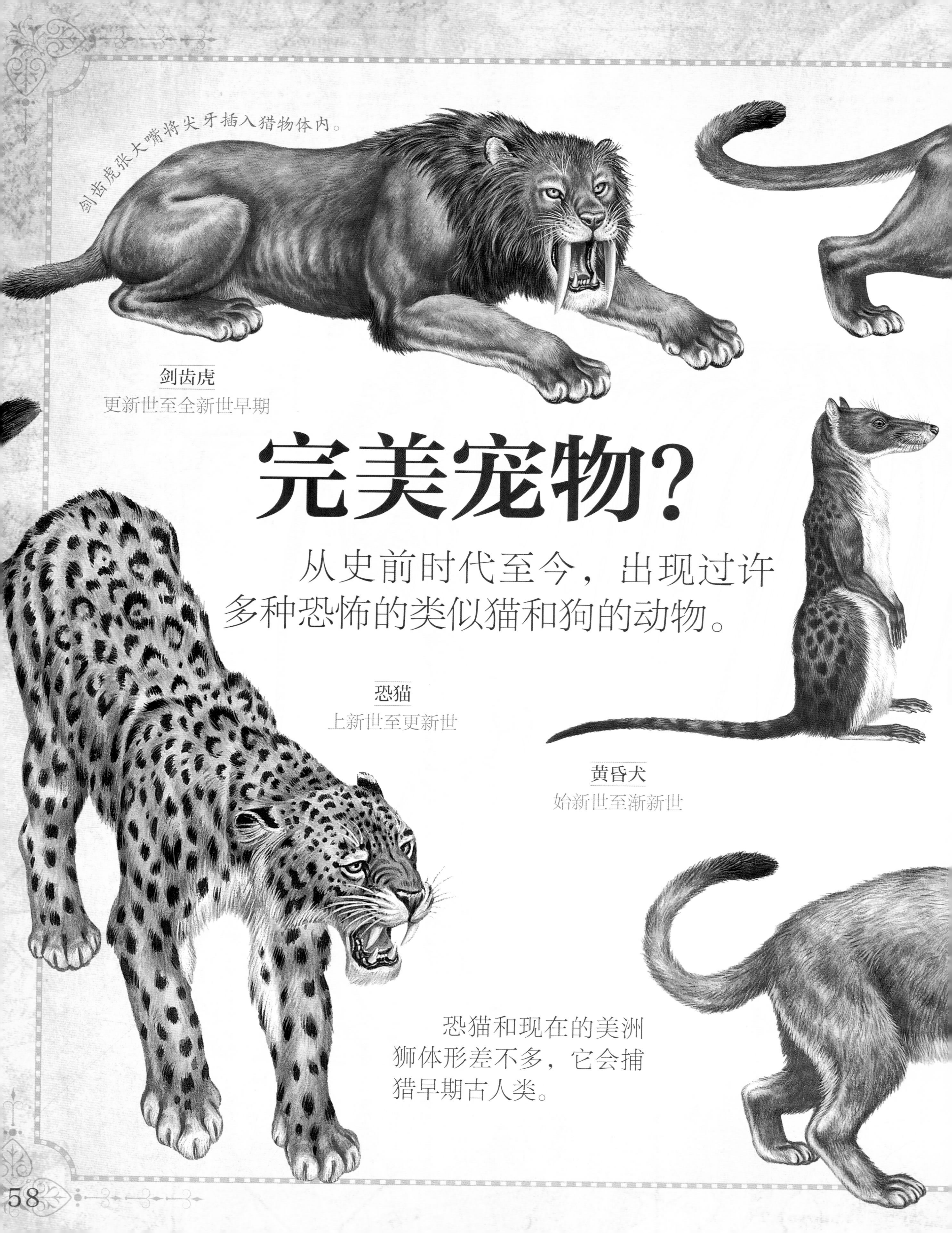


# 完美宠物?

从史前时代至今，出现过许多种恐怖的类似猫和狗的动物。

恐猫和现在的美洲狮体形差不多，它会捕猎早期古人类。

你能说出这里面哪些动物属于猫类，哪些属于犬类吗？

答案见64页

硕鬣狗是现代鬣狗的祖先。与鬣狗一样，硕鬣狗也是集体捕猎的，也会吃腐肉。

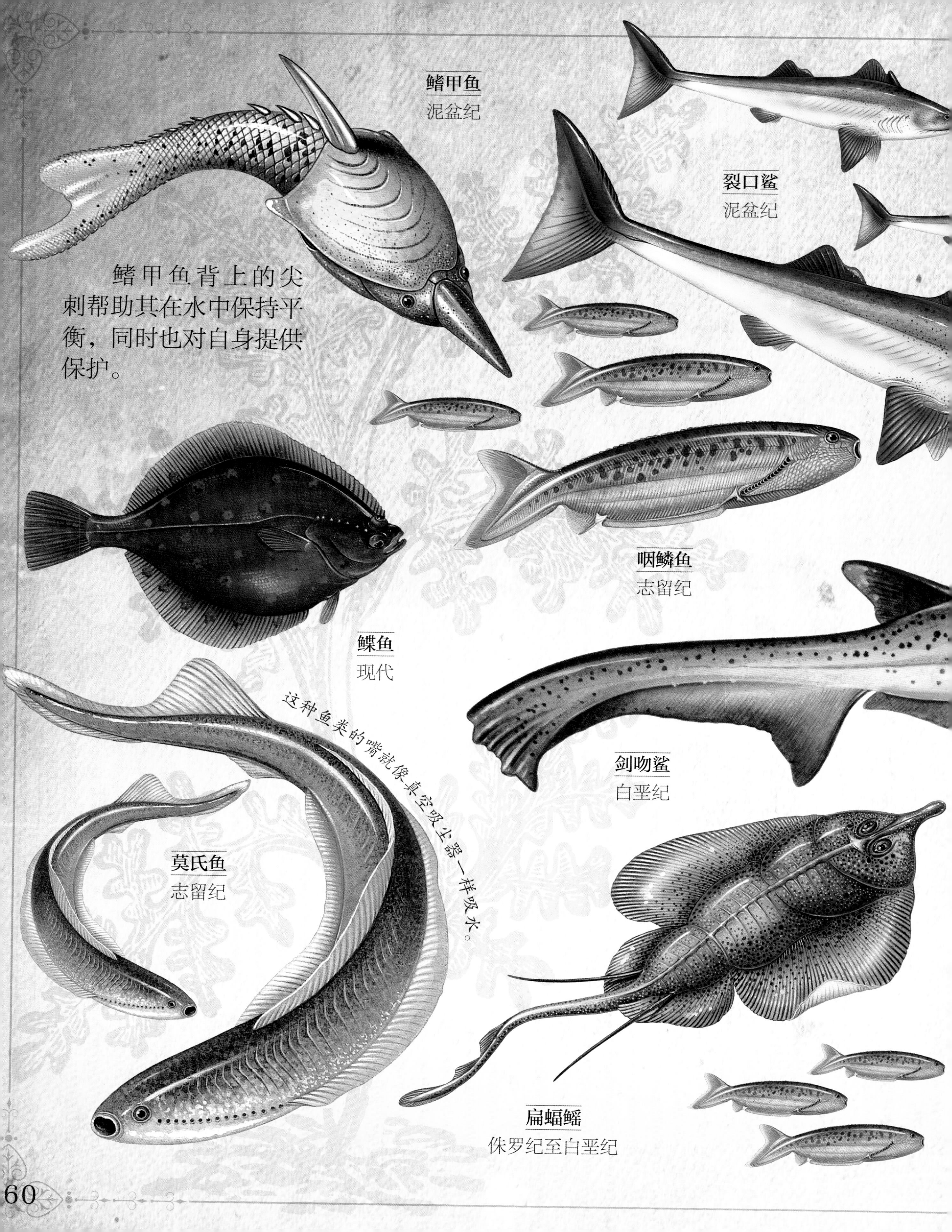


鳍甲鱼背上的尖刺帮助其在水中保持平衡，同时也对自身提供保护。

# 美丽的鱼类

从小鱼苗到大鱼，鱼类统治海域超过4亿年。

# 搞笑的鼻子

这里是各式各样鼻子的合集，挑一种你喜欢的！

**南翼龙**
早白垩世

皱皮巨儒艮的体形是现代儒艮的两倍大。

**皱皮巨儒艮**
中新世

**大食蚁兽**
现代

**闪兽**
渐新世至中新世

**巨疣猪**
上新世至更新世

后弓兽就像一个奇怪的合体，脖子像骆驼，脚像犀牛，鼻子又像大象。

# 答案

### 恐怖的暴君

问：这些凶恶的动物之中，哪种动物的撕咬带有剧毒？

答：科莫多巨蜥，科学家目前还没有发现任何证据表明哪种恐龙的撕咬带有毒性。

### 奇怪的鸟类

问：这些鸟类中有两种长有牙齿，你能指出是哪两种吗？

答：骨齿鸟和始祖鸟。

### 空中霸主

问：这些毛茸茸的飞行动物中的哪一种是古老的蝙蝠？

答：伊神蝠，目前已知的最早的蝙蝠之一，与现代的蝙蝠关系很近。

### 速度为王

问：你知道这里的哪种动物主要靠滑翔移动吗？

答：空尾蜥，科学家认为这种小蜥蜴能够在树林之间滑翔。

### 奇异的身体

问：下面哪种动物用自己奇特的身体结构来调节体温？

答：异齿龙背部的大型帆状结构能够接受阳光的照射加热血液，然后温血就能流经体内。

### 巨象

问：这些巨象当中哪一种生活在最为寒冷的地方？

答：长毛猛犸象拥有厚实的长毛以隔绝冰河时代的寒冷。

### 条纹

问：你能找出这里面哪种动物是掠食性动物吗？

答：科贝尔鲨捕食甲壳动物和鱿鱼。

腔骨龙会捕猎小型爬行动物和原始小型哺乳动物。

似鸟龙可能捕食昆虫和其他小动物，也会吃果实和嫩叶。

### 完美宠物?

问：你能说出这里面哪些动物属于猫类，哪些属于犬类吗？

答：剑齿虎、始剑齿虎、巨剑齿虎、恐猫、硕鬣狗和穴狮都和现代猫科有或近或远的亲缘关系，鬃狼和黄昏犬则属于犬科家族。